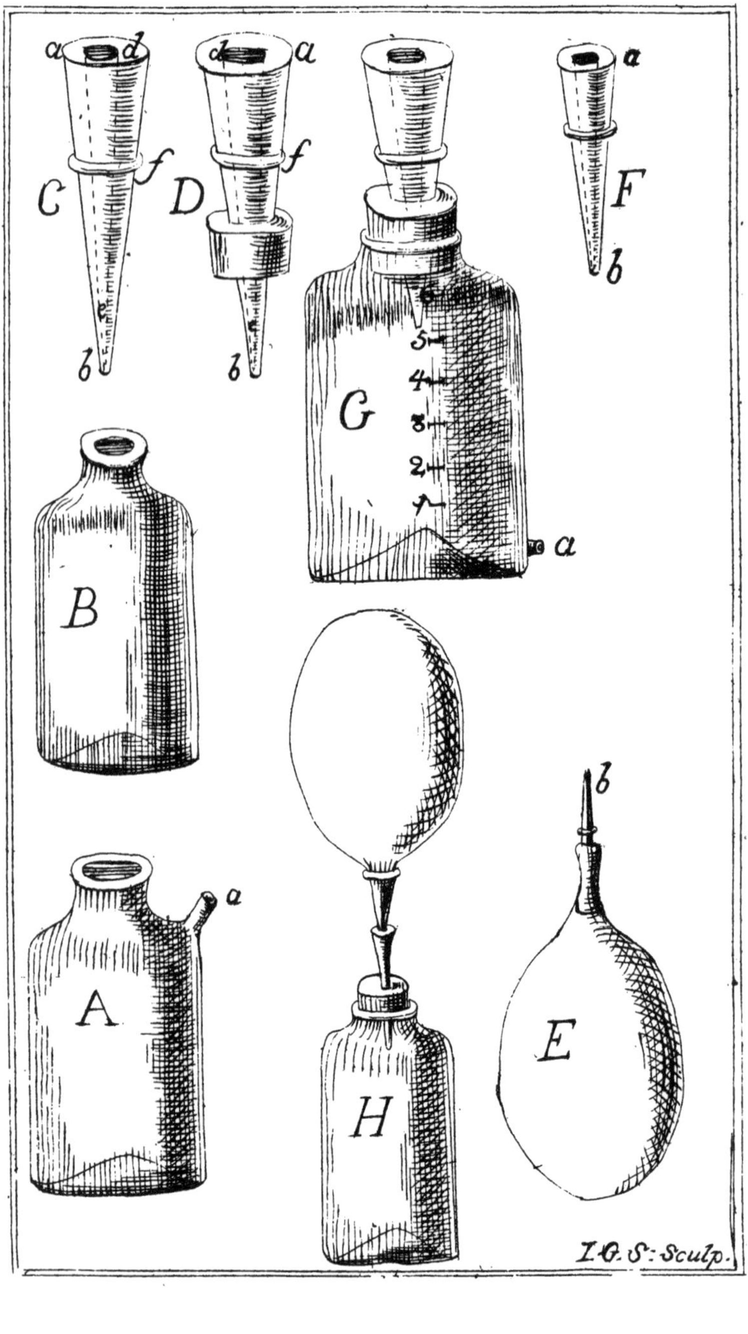
A
B
C
D
E
F
G
H
I.G.S: Sculp.

Anweisung

auf eine

wohlfeile Art

künstliche Mineralwasser

nachzumachen.

Berlin,

bey Arnold Wever. 1791.

Vorrede.

An vielen kleinen und von großen Städten entfernten Oertern, ist der begüterte Einwohner oft nicht im Stande, mit Anwendung aller Kosten, sich im bedürfenden Falle die ihm in seiner Krankheit verordneten natürlichen Mineralwasser anzuschaffen, und der ärmere Mann muß derselben an allen Orten wegen seines geringen Vermögens gar entbehren, so dienlich sie ihm auch immer seyn möchten; zu geschweigen, wie viel Geld für diese Wasser aus dem Lande gehet. Beyde erstere Fälle, und insbesondere der zweyte, haben mich bewogen, diese kleine Schrift aufzusetzen, und Anleitung zu geben, die künst-

 lichen

lichen mineralischen Wasser ohne große Kosten an allen Oertern zu verfertigen. Würde hierdurch nur so viel bewirkt, daß auch Arme sich dieser Mittel bedienen könnten, so wäre mein ganzer Wunsch erfüllt.

Aus diesem Gesichtspunkte bitte ich diese kleine Schrift zu betrachten, wenn irgend ein Arzt, Naturforscher oder Chëmist sie seiner Aufmerksamkeit würdigen sollte.

Ehe die Bestandtheile der mineralischen Wasser bekannt waren, glaubte man allgemein, daß es unmöglich sey, diese durch die Kunst so zusammen zu setzen, daß sie denen durch die Natur hervorgebrachten ähnlich wären.

Jetzt aber, da wir in der Chemie und in der Kenntniß der verschiedenen Luftarten so weit gekommen sind, diese Wasser aufs genaueste zu untersuchen und in ihre Bestandtheile zu zerlegen, erfordert es keine so sehr große Geschicklichkeit mehr, hierin der Natur nachzuahmen und solche auf eine künstliche Weise zusammen zu setzen. Ob nun zwar diese künstlichen Wasser, wegen Mißtrauen und Unwissenheit mancher Kranken, noch nicht sehr häufig in Gebrauch gekommen sind, weil von vielen geglaubt wird, daß die natürlichen Wasser noch diesen oder jenen flüchtigen Geist enthielten, den man den gekünstelten nicht beybringen könne, so sind doch einsichtsvolle Personen schon überzeugt, daß dieses nicht allein ein Irthum sey, sondern, daß im Ge-

gentheil die letztern noch darin den Vorzug hätten, daß manche der Gesundheit nachtheilige Dinge daraus weggelassen und wohl andre heilsamere den Kranken dienliche zugesetzt werden können, nicht einmahl zu gedenken, daß man solche an Orten, die von den Mineralquellen weit entfernt sind, viel wohlfeiler bereiten kann, und daß sie die flüchtigen Theile, die jene öfters durch den weiten Transport oder wenn sie nicht mit der größten Vorsicht verwahrt sind, verlohren haben, in vollem Maße besitzen. –

Ein anderer äußerst wichtiger Nutzen bestehet darin, daß Arme, die in ihren Krankheiten wegen ihres geringen Vermögens sonst nicht an den Gebrauch der eigentlichen Mineralwasser denken durften, im Stande sind, sich derselben anjetzt bedienen zu können. Mögen doch Reiche und Wohlhabende diese so nützliche Erfindung verschmähen, so ist und bleibt es doch eine große Wohlthat, wenn Arme an den Gebrauch dieser Mittel Antheil nehmen können.

So genau wir nun die natürlichen zerlegen und die künstlichen zusammensetzen können, so sind die letztern doch noch immer, nicht nur durch die zu ihrer Zusammensetzung nöthigen, öfters kostbaren Geräthschaften, vertheuert worden, sondern auch ihre Bereitung

tung durch die Unvollkommenheit der dazu gehörigen Instrumente mit vielen Beschwerlichkeiten vermischt gewesen, oder die Versuche sind wohl Manchen ganz und gar gemißglückt.

Diese Ursachen sind der Anfertigung der künstlichen Mineralwasser sehr lange Zeit hinderlich gewesen, besonders hat die Schwierigkeit, die Wasser mit genugsamer fixer Luft zu sättigen, die mehresten Hinderniße verursacht. Diese Verbindung der Luft mit dem Wasser als die Hauptsache bey Verfertigung der Mineralwasser zu erleichtern, hat man allerley künstliche Maschinen ersonnen und machen lassen, wovon manche ihrem Erfinder viele Ehre gemacht haben, indessen haben doch fast alle die Fehler, daß sie zum Theil zu theuer sind, und daher nicht von jedermann angeschafft werden können, und andern theils, daß der Endzweck, das Wasser mit einer hinlänglichen Menge Luft zu sättigen, nicht erreicht worden. Hierin hat eben der Fehler gelegen, daß man so lange die künstlichen Wasser den natürlichen gleich zu machen, nicht hat bewürken können. Die Ursache dieses Umstandes liegt hauptsächlich darin, erstens, daß wenn das Wasser und die Luftsäure in einem verschlossenen Gefäße durcheinander geschüttet wird, so saugt das Wasser zwar die Luft ein, dadurch aber entstehet in dem Gefäße ein leerer Raum, wodurch die Luft sich sogleich wieder von dem Wasser entbindet; zweytens, daß man dem Wasser nicht Berührungspunkte oder Oberfläche genug gegeben, um sich geschwinde zu verbinden, weil in deren Ermangelung das Einsaugen der Luft nur langsam von Statten gehen kann.

Allen diesen Unbequemlichkeiten abzuhelfen, hat Herr D. Joseph **Baader** drey Maschinen erfunden, die nicht nur sehr sinnreich sind, sondern auch aller Erwartung zu entsprechen scheinen, und wohl weiter keinen Fehler haben, als daß ihre Verfertigung zu theuer seyn möchte, deshalb viele nicht im Stande sind, sich solche anzuschaffen, auch daß in wenig kleinen Städten und Oertern Künstler vorhanden, die dergleichen zu machen geschickt genug sind.

Um nicht zu weitläuftig zu werden und das schon Bekannte davon zu wiederhohlen, will ich auf seine eigene Abhandlung und dazu gehörigen Zeichnungen, die von ihm selbst beschrieben im dritten Bande des ersten Heftes von Herrn D. **Friedr. Albr. Carl Gren** Journal der Physik 1791 eingerückt ist, verweisen, wo alle Maschinen und die ganze Verrichtung, nebst dem Verfahren, aufs deutlichste beschrieben stehen und nachgelesen werden können.

Er entbindet die Luft vermittelst der Vitriolsäure aus der Kreide und leitet sie aus der Entbindungsflasche, vermittelst angebrachter biegsamer Schläuche, in Blasenbälge, aus denen sie wieder vermittelst des Drucks eines Gewichts durch angebrachte Röhren, durch das zu sätigende Wasser in das zur Mischung bestimmte Gefäß zu gehen genöthiget wird. In der ersten Maschine besteht dieses Gefäß aus einem kurzen, drey bis vier Zoll langen und zwölf Zoll im Durchmesser haltenden Zylinder von Glas, dessen beyde Enden mit angekütteten Platten verschlossen sind. Hierin wird die Luft aus dem Blasebalg durch eine angebrachte Hülse getrieben, wenn der Zylinder zuvor bis beynahe halb voll mit Wasser gefüllt worden. In der Mitte desselben ist ein Brettchen oder eine zinnerne, mit vielen Löchern durchbohrte Platte befestigt; wenn nun der Zylinder bald rechts, bald links herum gedrehet wird, so muß das Wasser durch die in der Platte befindlichen Löcher hin und zurück laufen, es erhält also mehr Berührungspunkte und kann die fixe Luft, deren Abgang nun durch den Druck des Blasebalgs ersetzt wird, desto eher einsaugen und sich damit sätigen.

Die zweyte Maschine bestehet aus einem gläsernen Zylinder und zwey Blasebälgen, welche letztere jeder

durch

durch zwey Röhren und darin angebrachten Ventilen mit ersterem verbunden sind. Die fixe Luft wird in einer gewöhnlichen Entbindungsflasche aus der Kalkerde abgeschieden und durch ein biegsames Rohr in den ersten Blasebalg geführet, durch das Zusammendrücken desselben zwingt man sie in eine andere Röhre herunter zu dem Boden des Zylinders und von da durch das Wasser nach dem obern Theile des Zylinders zu steigen, von wo sie durch den zweyten Blasebalg wieder ausgepumpt und von da ebenfalls weiter und abermahls durch das Wasser in die Höhe zu steigen genöthigt wird. Diese Behandlung wird mit den Bälgen unter steter Zuführung frischer fixer Luft, so lange wechselsweise wiederhohlet, bis alles Wasser vollkommen gesätigt ist.

Die dritte Maschine zeigt die Arbeit im Grossen an, wenn man eine grosse Menge Wasser mit Luft sätigen will. Es wird hier anstatt eines gläsernen Zylinders eine Tonne oder Faß gebraucht, woran ebenfalls zwey Blasebälge angebracht sind. Diese Maschine ist der zweyten in ihrer Einrichtung ganz ähnlich.

Ich übergehe alle andere angegebene, zu diesem Endzweck erfundene Maschinen, deren eine vor der andern immer mehr oder weniger Fehler oder Vorzüge hat, und will nur bloß noch anzeigen, wie man bisher auf

die

die leichteste und gemeinste Weise das Wasser mit fixer Luft zu schwängern gewohnt gewesen ist.

Man nimmt nämlich eine gläserne Flasche, die außer ihrer ordinären Oefnung noch oben eine andere Oefnung mit einem gläsernen, ungeschliffenen Stöpsel hat. Die obere Oefnung zu verschließen, kann man sich eines gemeinen, dichten und festen Korkstöpsels bedienen, in welchem eine krumme gläserne Röhre, die in der Gestalt wie ein S gebogen worden, mit dem einen Ende befestigt ist. Es ist jedoch einerley, ob diese Röhre mit ihrem Korke in der oberen oder Seitenöffnung befestigt wird und kömmt auf Belieben an, was jedem am bequemsten ist. Es erfordert eben nicht die Nothwendigkeit, daß die Röhre von Glas sey, eine gute, dichte, von Leder verfertigte thut eben die Dienste, und ist öfters wegen ihrer Biegsamkeit den gläsernen vorzuziehen. Nächst diesen nimmt man einen irdenen Napf, oder wenn man mehrere Flaschen Wasser mit Luft sätigen will, ein hölzernes Gefäß, deckt auf demselben ein Bretchen, worin schmale Einschnitte gemacht sind, um hernach die angefüllten Flaschen hinein zu stecken. Hierauf wird in das Gefäß so viel Wasser gegossen, daß man die angefüllten Flaschen, ohne ihre Oefnung aus dem Wasser zu bringen, bequem in die

Oefnung

Oefnungen des Brettes umgekehrt hineinsetzen und wieder herausnehmen kann.

Ist dieses alles so weit in Ordnung gebracht, so füllt man das hölzerne oder irdene Gefäß mit Wasser, so weit als es nöthig ist, an, deckt über dasselbe das mit Löchern versehene Brett, welches auch um mehrerer Bequemlichkeit willen mit hölzernen Füßen versehen und so lang gemacht werden kann, daß es eben in dem Wassergefäße hinein paßt. Bedienet man sich des letztern, so kann das Gefäß so weit voll Wasser gefüllt werden, daß es noch einen Zoll über dem Schemmel oder dem mit Füßen versehenen Brette zu stehen kömmt, welches, damit es nicht in die Höhe steige, mit einem Gewicht von Bley ꝛc. kann beschweret werden.

Nun füllt man eine oder mehrere Flaschen mit reinem Wasser, stopft sie zu, kehrt sie um, und steckt sie so verkehrt mit ihrem spitzen Halse in die Oefnung des erwähnten Bretts oder Schemmels, und ziehet die Stöpsel heraus. Weil nun die Oefnungen der Flaschen unter dem Wasser sind, so kann wegen des Drucks der äußern Luft kein Wasser wieder herauslaufen. Will man sich die Hände nicht naß machen, oder mit desto mehrerer Reinlichkeit arbeiten, so kann man den Stöpsel vermittelst einer Zange unter dem Wasser herausziehen, oder man bedeckt die Oefnung der Flasche, wenn sie ganz genau bis an den obern Rand mit Wasser gefüllt ist, mit einem Blatt Papier, drückt mit der flachen Hand darauf, und kehrt die Flasche geschwinde um; man kann alsdann die Hand sicher wegnehmen, ohne zu befürchten, daß etwas auslaufen werde, denn das Papier hält die Oefnung fest zu, und läßt nicht das geringste Wasser heraus fließen, und so bringt man denn die Oefnung der Flasche unter das Wasser in dem Einschnitte des Bretts, oder man überzieht kleine hölzerne Brettchens mit Leder, deckt sie auf die volle Flasche, und verfährt eben so wie mit dem Papiere.

Wenn nun also alle Flaschen in Bereitschaft gesetzt worden, daß sie alle auf den Brettchen stehen, so füllt man die allererst beschriebene Flasche bis zur Hälfte mit grob zerstoßener reiner Kreide und Wasser an, steckt den Kork mit der darin befestigten krummen gläsernen oder ledernen Röhre, entweder wenn in die Seitenöfnung der gläserne Stöpsel eingeschliffen worden; in die obere Oefnung, oder wenn in dieser ein gläserner Stöpsel eingerieben worden, in die Seitenöfnung. Das andere Ende der gläsernen oder ledernen Röhre wird dann unter dem Wasser in die Oefnungen der umgekehrten mit Wasser gefüllten Flasche gestochen.

Dann

Dann gießt man nach und nach etwas starke Vitriolsäure durch die mit dem geschliffenen Stöpsel versehene Oefnung auf die Kreide, und verschließt sogleich die Flasche. Durch die Würkung der Säure auf die Kreide, entbindet sich sogleich die fixe Luft, und weil sie keinen Ausgang findet, so dringt sie durch die Röhre in Luftblasengestalt durch das Wasser in den obern Theil der umgekehrten Flaschen; ein Theil des Wassers lauft hierbey heraus, und das, was darin geblieben, wird mit der Luft durcheinander geschüttelt, damit dieselbe von dem Wasser eingesogen werde. Man stellt hierauf die Flasche umgekehrt wieder auf das Brettchen. Weil nun durch die Einsaugung der Luft ein luftleerer Raum in der Flasche entstanden, so dringt ein Theil des Wassers aus dem hölzernen Gefäß sogleich wieder in die Flasche; da aber hierdurch das Wasser in der Flasche noch nicht hinlänglich mit fixer Luft gesätiget worden, und dieses zum Theil schon geschwängerte Wasser wieder verdünnt worden, so muß man von neuem Luft aus der Entbindungsflasche hinein bringen, eben so durch einander schütteln, als das erstemal, und dieses wird so lange wiederholt, bis man findet, daß das Wasser keine Luft mehr einschlucken kann.

Dieses ist die einfachste, wohlfeilste und gewöhnlichste Weise, das Wasser mit fixer Luft zu schwängern, allein, wer sich derselben bedient hat, wird doch bemerkt haben, wie schwer es halte, das Wasser so stark zu sättigen, daß es keine Luft mehr einschluckt. Die Hauptursache dieser Schwierigkeit rührt erstens von dem durch das Einsaugen der Luft von dem Wasser in der Flasche allemal entstehenden leeren Raum, wodurch sich ein Theil der bereits eingesogenen Luft wieder entbindet, und zweitens, daß das schon geschwängerte Wasser durch das wieder dazu gekommene Wasser aus den hölzernen Gefäßen wieder verdünnt wird.

Ich habe demnach darauf gedacht, diesen Unbequemlichkeiten abzuhelfen, und mir zu dem Ende folgende Maschine, die ich nun beschreiben will, zusammengesetzt. Die erwähnten Fehler fallen dabey weg, die Kosten sind sehr geringe, und die ganze Einrichtung so beschaffen, daß man sie sich an allen Orten sogleich anschaffen, oder mit weniger Geschicklichkeit selbst zusammensetzen kann. Uebrigens unterwerfe ich es sehr gerne geübtern und erfahrnern Chemisten, zu beurtheilen, in wie ferne ich dem Endzweck, den ich zu erreichen gesucht, nahe gekommen bin.

Diese von mir vorgeschlagene Maschine erfordert weiter nichts als ein Paar Flaschen, ein Paar Blasen, vier verschiedene kleine Röhren, und noch ein Paar recht gute Korkstöpsel, deren Anwendung ich durch die Kupfertafel deutlicher zu machen suchen will.

A und B sind zwey Flaschen, worin die Kreide und Vitriolsäure zur Entbindung der fixen Luft geschüttet wird. Die eine mit A bezeichnete hat noch eine besondere Oefnung a an der Seite, wodurch man, wenn die Luft entbunden werden soll, die Vitriolsäure eingießt. Kann man keine solche Flasche mit zwei Oefnungen erhalten, so muß man sich schon mit der Flasche B, die nur eine Oefnung hat, behelfen. Der Unterschied zwischen beiden besteht darin, daß man die Mischung in der letztern mit weniger Bequemlichkeit verrichten kann, und von der Luft, bey den vielen Oefnen der Flasche, mehr verlohren geht.

C ist ein Rohr von Holz, Horn oder andern Materien, das von a nach b kegelförmig gedrechselt, und bei f einen Absatz hat, von dem einen Ende bis zum andern, oder von d bis e, ist es der Länge nach durchbohrt.

Dieses Rohr wird durch einen Kork D bis an den Absatz so fest durchgestochen, daß nirgends einige Luft darzwischen durch kann.

Dergleichen Korke und Röhren muß man zwey haben, nehmlich einen zu der Entbindungsflasche und einen zu der Flasche, worin die Luft mit dem Wasser gemischt

mischt wird. Die Oefnung d e muß aber bey d etwas weiter seyn, um das andere Röhrchen, das an der Blase gebunden ist, dicht einstecken zu können. C stellt also das Rohr selbst vor, und D ist der Kork mit dem durchstochenen oder darin befestigten Rohre.

E ist eine ordinäre große Schweine- oder Rinderblase, woran das Röhrchen F, welches ebenfalls von einem Ende a bis zum andern b, der Länge nach durchbohrt, gebunden ist. Bey b ist dieses Röhrchen so abgedrehet, daß es genau in die Oefnung d des Rohrs C paßt.

G ist eine große sechs Quart haltende Flasche, die einen oder zwey Zoll hoch vom Boden bei a eine Oefnung zum Abzapfen des Wassers hat; kann man aber eine solche nicht bekommen, so muß man mit einer, die dergleichen nicht hat, fertig zu werden suchen. An den Seiten kann man sich mit Farbe die Maaße bezeichnen, wie weit sie bey jedem Maaße vollgefüllt wird. Zu dieser Flasche gehört der zweite Stöpsel D, der ebenfalls ein durchbohrtes Rohr C hat.

Wenn man nun Wasser mit fixer Luft schwängern oder künstliche mineralische Wasser verfertigen will, so füllt man zuvor die Flasche G ganz voll mit ganz reinem so viel möglich kalkfreien Wasser, steckt den Stöpsel D mit seiner daran befestigten Röhre C fest ein, und stelle sie an die Seite. Alsdann wird die Flasche A oder B bis zu Hälfte mit grob zerstoßener reiner Kreide und Wasser gefüllt, und etwas starke Vitriolsäure darauf gegossen. Wenn sich durch das dadurch bewürkte Aufbrausen so viel Luft entwickelt hat, daß sie den leeren Raum in der Flasche ausfüllt, und die darin gewesene atmosphärische Luft heraus getrieben worden, so wird die obere Oefnung mit dem Stöpsel D, worin ebenfalls ein Rohr C befestigt ist, fest zugestopft. Die Blase E, mit dem daran befestigten Rohre F, dergleichen man zwey haben muß, wird hierauf durch das Zusammendrücken von aller Luft befreyet, und sogleich als das geschehen, steckt man das Ende des Rohrs b in die Oefnung d des Rohrs C. Die oben daran befestigte Blase wird sich sogleich mit fixer Luft anfüllen; so bald dieses geschehen, nimmt man sie ab, und steckt wieder eben so die zweyte Blase, vermittelst ihres Rohrs wieder darauf, damit sie sich auch mit Luft anfülle. Die volle abgenommene Blase aber steckt man in die Oefnung d des Rohrs D, welches mit dem Kork auf der Flasche G, die mit dem Wasser gefüllet worden, befestigt ist. Nun ziehet man den Stöpsel aus der Oefnung a, und läßt den dritten Theil des Wassers herauslaufen, so wird sich alle Luft oben aus der Blase in die Flasche G ziehen, und den entstandenen leeren Raum ausfüllen; enthält aber die Blase nicht Luft genug, so stellt man die sich unterdessen auf der andern Flasche mit Luft gefüllte Blase darauf, und zapfet das noch überflüßige Wasser so lange ab, bis nur noch vier Quart in der Flasche

bleiben.

bleiben. Alsdann verschließt man die Oefnung, und schüttelt das Wasser, so wird es nach und nach die Luft verschlucken, bis nichts mehr in der Blase ist. Hat man aber eine Flasche, die keine solche Oefnung nahe am Boden hat, so nimmt man eine andere, füllt sie voll Wasser, kehrt sie um, und bringt ihre Oefnung in ein Gefäß, worin Wasser gegossen unter der Oberfläche des Wassers, und stellt sie so umgekehrt auf ein Brettchen, oder läßt sie von jemanden halten, und drückt aus der Blase so viel Luft in die Flasche, bis daß nur noch ohngefähr vier Quart darin geblieben sind. Hierauf wird der Stöpsel D mit der Röhre C unter dem Wasser darauf gesteckt, die Flasche aus dem Wasser genommen, und eine frische vollgefüllte Blase mit ihrem Rohre darauf gesteckt. Nun schüttelt man das Wasser in der Flasche, so wird es die Luft einsaugen und die Blase luftleer werden, so bald das geschehen, steckt man wieder eine neue Blase, die mit fixer Luft angefüllt, wieder darauf, und dieses wiederholt man so lange, bis das Wasser völlig gesättigt und keine Luft mehr anzunehmen im Stande ist. Zuletzt steckt man nochmals eine vollgefüllte Blase mit Luft darauf, und setzt die Flasche einen Tag lang an einen kühlen Ort, oder noch besser, in ein anderes Gefäß mit kaltem Wasser, da denn öfters noch etwas Luft, zumal wenn es zuweilen umgeschüttelt wird, eingesogen wird. Bey dem ganzen Verfahren aber muß man bemerken, daß je kälter das Wasser ist, desto mehr

Luft nimmt es in sich, daher muß man es an einem kühlen Orte verwahren, und die Flasche nicht viel mit den Händen angreifen.

Die Figur H zeigt an, wie die Blase, sowohl bey der Entbindung, als auch bey Vermischung der Luft mit dem Wasser, vermittelst der Röhre auf den Flaschen, aufgestochen ist. Wenn nun das Wasser also völlig mit Luft gesättigt ist, so hat man, um die künstlichen mineralischen Wasser zu machen, nichts weiter mehr zu thun nöthig, als die Materien, die zu einer jeden Art gehören, hinein zu schütten.

Alle Erden, die man hierzu gebraucht, müssen recht rein und cristallinisch, auch mit Luftsäure wohl gesättigt und fein pulverisirt sein, weil sie sich sonst schwer auflösen. Kömmt Eisen dazu, so muß es frisch gefeilte Eisenfeile sein, die man, in ein reines Läppchen gebunden, in das Wasser hängt, oder man wirft ein rein gefeiltes Stück Eisenblech hinein. Beide werden an einen Faden hinein gehängt, um sie hernach wieder herausziehen zu können.

Um das Verhältniß anzugeben, was man für Materien zu den künstlichen mineralischen Wassern zu nehmen habe, will ich ein Paar der vornehmsten anführen, wornach man das Quantum eines jeden Stückes, das man nöthig zu nehmen hat, nach jedes Ortes Maaß berechnen kann, und dazu das Seiter-, Spaaer-, Pyrmonter- und Egerwasser nehmen. Ich erachte es nicht

für

für nöthig mehrere anzuführen, da die Bestandtheile derselben in vielen neuen chemischen Schriften zu finden sind. Nach **Bergmanns** Untersuchung enthält eine Schwedische Kanne oder 132 Französische Cubikzoll voll

Selterwasser

24 Gran luftvolles mineralisches Laugensalz.

109½ Gran salzgesäuertes mineralisches Laugensalz.

29½ Gran luftgesäuerte Bittererde.

17 Gran luftgesäuerte Kalkerde.

60 Cubikzoll Luftsäure.

Eben so viel Spaawasser

8½ Gran luftvolles mineralisches Laugensalz.

9 Gran salzgesäuertes mineralisches Laugensalz.

3¼ Gran luftgesäuertes Eisen.

20 Gran luftgesäuerte Bittererde.

8½ Gran luftgesäuerte Kalkerde.

45 Cubikzoll Luftsäure.

Eben so viel Pyrmonterwasser

25 Gran vitriolgesäuerte Bittererde.

38½ Gran " " " Kalkerde.

7 Gran salzgesäuertes mineralisches Laugensalz.

10 Gran salzgesäuerte Kalkerde.

3¼ Gran luftgesäuertes Eisen.

45 Gran " " " Bittererde.

95 Cubikzoll Luftsäure.

Eben

Eben so viel Egerwasser

47 Gran luftvolles mineralisches Laugensalz.

275 Gran vitriolgesauertes mineralisches Laugensalz.

45½ Gran salzgesäuertes mineralisches Laugensalz.

4 Gran luftgesäuertes Eisen.

7½ Gran = = = Kalkerde.

93 Cubikzoll Luftsäure.

Wenn man nun das luftgesäuerte Wasser in Flaschen gefüllt hat, worin es bleiben soll, so muß man also bald die dazu gehörigen Materien, welche zu einer jeden Art der mineralischen Wasser gehören, hinein schütten; was und wie viel muß ein jeder zuvor berechnen. Wenn denn endlich die Flaschen gefüllt und die Pulver hineingeschüttet worden, werden sie fest zugestopft und einige Tage umgekehrt in den Keller gestellet, während dessen das Wasser die Salze und die Luftsäure die Erden und etwas Eisen auflösen wird.

Kalkerde und Gyps sind dem menschlichen Körper von jeher für der Gesundheit nachtheilig gehalten worden und ihre üble Wirkung zeigt sich auch bey verschiedenen natürlichen Mineralwassern, daher es wohl für keine Sünde wird angesehen werden können, wenn man selbige ganz und gar ausläßt.